NEW YORK POST

Mind-blowing
Su Doku

NEW YORK POST

Mind-blowing Su Doku

150 Fiendish Puzzles

Compiled by sudokusolver.com

HARPER

NEW YORK • LONDON • TORONTO • SYDNEY

HARPER

New York Post © 2010 by NYP Holdings dba New York Post

NEW YORK POST MIND-BLOWING SU DOKU © 2010 by HarperCollins Publishers. All rights reserved. Printed in the United States of America. No part of this book may be used or reproduced in any manner whatsoever without written permission except in the case of brief quotations embodied in critical articles and reviews. For information, address HarperCollins Publishers, 10 East 53rd Street, New York, NY 10022.

HarperCollins books may be purchased for educational, business, or sales promotional use. For information please write: Special Markets Department, HarperCollins Publishers, 10 East 53rd Street, New York, NY 10022.

ISBN 978-0-06-200751-3

10 11 12 13 14   RRD   10 9 8 7 6 5 4 3 2 1

All puzzles supplied by Lydia Ade and Noah Hearle of sudokusolver.com

Book design by Susie Bell

Contents

Introduction

Su Doku is a highly addictive puzzle that is always solvable using logic. It has a single rule – complete each Su Doku puzzle by entering the numbers 1 to 9 once in each row, column and 3x3 block.

Many Su Doku puzzles can be solved by using just one solving technique. In the Difficult rated Su Doku in Fig. 1, two blocks in the center row of blocks already contain the number 4. So, the 4 for the center block (highlighted) must go somewhere in the fourth row. As there is already a 4 in the sixth column, you can now place the 4 in the only remaining square in this block.

Fig. 1

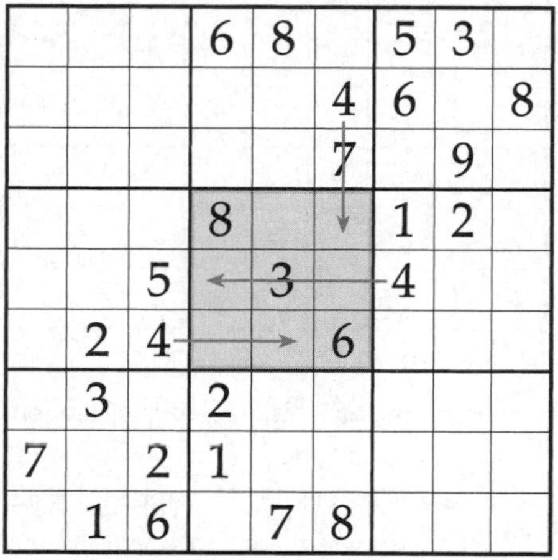

			6	8		5	3	
					4	6		8
				7			9	
			8			1	2	
		5		3		4		
	2	4			6			
	3		2					
7		2	1					
	1	6		7	8			

You can apply the same technique to place a number in a row or column.

In this puzzle, you will need a slightly harder technique that may require pencil marks. Pencil marks are small numbers, usually written at the top of each unsolved square, listing all the possible values for that square. In the top right block, there are few unsolved squares remaining, so mark in all the pencil marks for this block (Fig. 2). One square has only the 2 pencil mark as a possibility and so can be solved.

Fig. 2

			6	8		5	3	1247
					4	6	17	8
					7	2	9	124
			8	4		1	2	
		5		3		4		
	2	4			6			
	3		2					
7		2	1					
	1	6		7	8			

Remember, every Su Doku has one unique solution, which can always be found by logic, not guesswork.

All Su Doku puzzles are provided by sudokusolver.com, where you can find details on more complex solving techniques and generate your own puzzles.

Puzzles

1

	1		7					
5	3					2	7	
			5			8	4	
7		9		6				
			8	1	5			
				7		5		4
	4	7			8			
	8	5					3	6
					7		1	

7			5		3			1
	6			1			7	
			6		7			
4	7						6	2
9								5
6	1						3	4
			9		8			
	4			5			2	
1			4		6			3

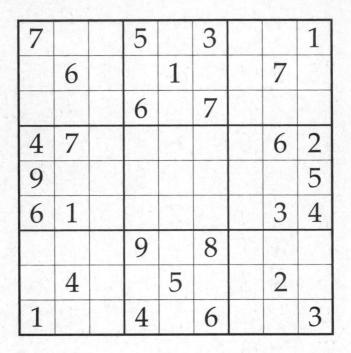

3

				6	5		3	
	6				9	1		2
							7	6
			4					9
	9		1	7	6		8	
2					3			
9	1							
5		4	3				6	
	7		5	1				

4

	3	6			2			
								2
			7	8	6			1
6		4	3		8	1		
		8		7		3		
		1	6		4	9		5
8			2	6	7			
5								
			1			7	9	

5

				9	6	2	1	
2						4		
6	8		2					
7			6		9	3		
3				1				4
		9	7		3			2
					5		4	9
		5						6
	6	7	9	3				

6

	6			5	8		7	
5		8						6
	7	4		2				
			9					7
6		9		7		4		8
7					4			
				3		6	4	
8						3		1
	1		5	9			8	

7

5								2
	8		5	4			7	
		6			1	9		
	6				2	7		
	4			9			1	
		2	7				6	
		8	3			1		
	9			2	5		4	
1								3

8

	9					7		
	7						2	3
2		4		8	7	1		
		1	4		3			
		9				6		
			1		2	9		
		3	6	2		5		9
9	5						6	
		6					4	

9

8								6
		1	8	3		9		
	3				6		8	
		2	9		7		5	
	9						7	
	4		6		2	3		
	7		3				1	
		8		7	1	4		
4								9

			5					
		9		6	3			8
					1	6	3	
		6		1	9			4
	3						1	
1			3	4		2		
	8	3	7					
7			1	2		9		
					6			

1	9	7			4			
								7
					9	4		3
		5	9		3	8		
4			8		1			2
		3	2		6	7		
9		2	4					
3								
			5			9	2	4

5	6						4	8
4				5		1		6
					1		5	
			7	8		9		
	1		4		6		8	
		2		1	5			
	9		5					
2		6		7				3
8	7						9	4

3			5					4
				3	9	5		
	5			4	2			
	1	5						3
	2	8				9	1	
6						8	2	
			7	1			9	
		3	9	6				
8					3			6

		4	9	8		1		5
	6							9
			6	3		7		
		3					1	2
				7				
2	5					8		
		7		9	4			
4							8	
3		6		2	7	9		

	3	4		1			8	
2		8	4					7
					6		9	3
		9					3	
5								8
	4					7		
8	2		7					
4					2	8		5
	5			4		9	1	

16

		3			4			
	8	4			7	1	9	
	2				6		7	4
8	1	6						
						8	4	9
5	4		1				2	
	6	9	5			7	8	
			7			4		

4			6			1	3	2
3						7		
			2					9
7		5	4	2				
				7				
				1	5	8		4
8					3			
		3						7
1	2	7			4			3

	4					3		
2	8				9		7	
			6	2				
9		1	2				6	
7		4				5		9
	6				4	7		3
				7	6			
	1		4				5	6
		6					9	

19

4			5			2		7
	2		4				8	
7		8				9		
				3			4	6
			2		7			
5	7			4				
		2				5		8
	4				8		2	
8		1			2			9

2			7	3				8
	1			6			2	
					4			
		9	6		5			2
7	5						3	9
1			4		3	7		
			1					
	2			8			9	
4				5	2			7

4							1	9
	7		2		6			4
		6		9				
	3		8		9		5	
		7				8		
	5		6		3		7	
				1		3		
3			5		7		2	
8	6							7

				6				
		4	7	2	9	5		
9	8						6	7
5		9		4		1		8
8		2		7		4		6
4	9						2	3
		6	2	9	3	8		
				1				

7				8			1	
			5	1		2		
			9			5	8	
		7			8			9
		9				3		
4			3			8		
	7	2			5			
		4		7	6			
	3			4				1

		1		2		5		
	9		4		3		7	
3			6		1			8
2								7
8		9				6		4
6								5
1			2		5			3
	5		3		8		6	
		3		1		8		

25

2	8						5	
7					1			9
			5	8		7		
		4		7			6	
		2	3		5	8		
	7			1		3		
		7		9	2			
8			1					7
	9						1	2

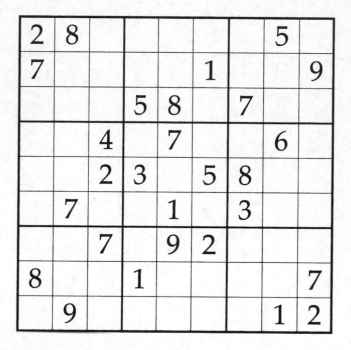

26

	7		5				1	9
2	3	1						5
	4			7				
8					2			
		7				4		
			9					1
				6			9	
9						2	6	3
7	2				3		5	

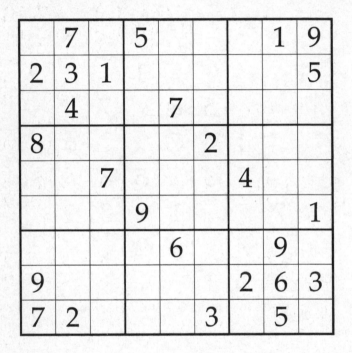

				9			5	
8		3	6					
		5	2			6	1	
			4		6	5	2	
6								4
	8	4	7		9			
	2	6			8	3		
					4	2		9
	7			6				

28

	7		4		2			
		8			1			7
				5			3	
2	5							6
		1		4		8		
7							9	3
	6			2				
1			7			9		
			1		8		6	

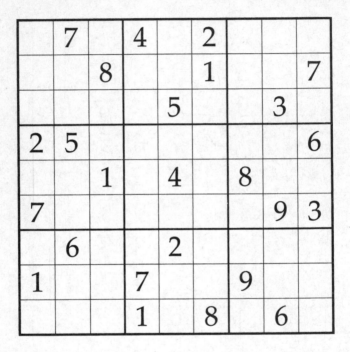

								2
		5		1				
	7	3	6	2	8	9		
		8	4			7		
	4	9		5		6	2	
		2			7	1		
		7	1	3	5	4	9	
				4		5		
3								

2	8		5				9	
						5		1
		9	6		8			
						8	7	
4				7				9
	2	1						
			9		5	6		
3		5						
	6				2		3	5

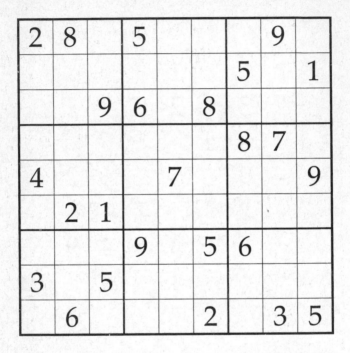

31

7				9		5		1
			7		1			
4		3				9		
	7		5		9		2	
8								6
	4		2		6		9	
		5				2		3
			4		2			
2		4		6				5

		5		4	3	1		9
				1		4		
		1			6	5	3	
					2			4
6								1
2			4					
	9	4	8			7		
		6		9				
1		7	6	3		8		

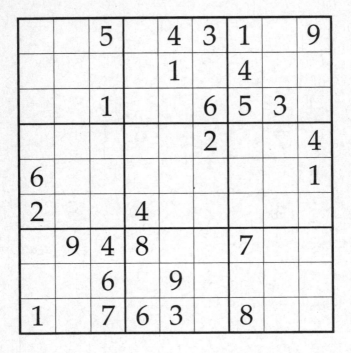

33

5					2	4		
	2		8	1				
		7		6			8	
3	9				6			
7								3
			1				6	7
	7			5		8		
				8	4		1	
		2	6					5

	4	5			6		7	
6		9						2
		7	3		9		5	
				9	3		6	
	2		7	1				
	5		9		1	3		
3						8		7
	6		4			5	2	

35

						8	5	
4	1				6		7	
8		6		7		1		
	7		3		5			
		2				7		
			7		8		1	
		1		9		5		7
	5		6				3	1
	2	4						

9	4			8	2			3
			6			8		2
	2			9				
6							1	
1		2		7		9		6
	5							7
				1			8	
2		9			6			
3			8	2			7	9

37

1					2		6	3
2					7			
		5	8			4		
8	2		4		9	6		
				8				
		7	6		3		4	9
		2			8	5		
			9					6
7	8		2					4

		7				3	1	
9		6	7				4	
		2	4					
	9		1		7			
7				9				3
			3		5		8	
					3	7		
	7				4	5		1
	8	3				6		

						7		6
		1	7				9	
		9	5	2				
					8		4	7
4	8						1	5
3	2		4					
			3	9	6			
	9				4	1		
2		4						

				1	2	9		
	1	7		3			2	
4					7		8	
3		9						
8	5						3	4
						2		5
	7		9					2
	8			5		7	6	
		6	1	7				

				2				
6			7	8	5			3
	2		3		6		4	
1								7
8	5	3				6	9	4
9								2
	9		1		3		7	
7			9	4	2			5
				5				

42

	1						9	
	9	5	6		4	8	3	
	2	8	7		3	9	1	
	6	9	1		8	2	7	
	3	7	2		9	4	6	
	5	2	9		7	6	4	
	7						8	

				6	5	2		
					2			1
9	6						4	
4		9	1					
5								9
					6	1		4
	2						1	3
1			7					
		8	2	5				

44

					7			
	1	5	6	8				
	4	3	9		5	8		
	7	6				9		4
	3						7	
4		2				1	5	
		7	8		9	4	6	
				5	6	3	8	
			3					

45

		6					7	
9		4			2	3		
	1				4		6	8
	6	5		7				
			4		8			
				3		8	5	
4	5		9				8	
		8	1			6		7
	2					5		

			7	6				
	1							9
	4	2			9	8		3
			4		8	1		
			9		6			
		9	3		5			
6		8	2			3	1	
5							2	
				3	7			

47

				6				
	8		4		5		3	
		5	9		3	2		
	6	4				5	7	
2				3				4
	5	8				9	2	
		6	1		8	7		
	9		6		4		5	
				9				

		2				3	1	
7		4		1				
1			3				7	4
			8		9	1		
	8			2			9	
		1	5		3			
2	1				5			3
				6		7		1
	5	6				2		

	6	4			1			
			6					
	9			5		8	2	6
		8	1				9	
	4		3		8		5	
	3				7	6		
9	1	5		6			7	
					5			
			8			2	1	

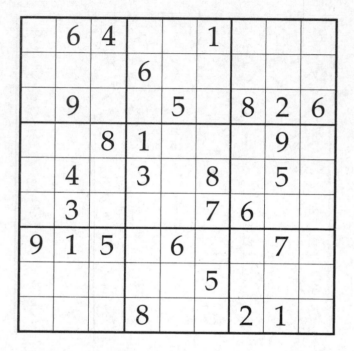

4	6				3			9
		3						6
		9			8	2	1	
3		1		4				
			6		7			
				1		7		8
	3	5	2			9		
9						1		
6			5				8	2

51

8	3							
9	2		5					
	7				3		9	
1					8		6	4
6			1	9	7			8
3	8		4					7
	6		2				8	
					1		7	9
							3	5

	6	9	7		1			
			8					5
				5	9			7
6		1					7	4
		5				9		
9	7					5		8
3			4	6				
7					2			
			5		7	8	4	

9		3		1				6
4	8				7			9
	1			9				
	3					4		7
	2						5	
1		7					2	
				4			9	
8			6				7	1
3				7		6		2

						2		
5	6	2			9		8	
		1		8			6	9
					5			3
4			8		7			5
3			2					
6	2			1		9		
	9		7			4	3	2
		4						

3				9				2
		6	2	5				
		4			3	6	8	
		8					9	
6	3						5	1
	5					8		
	8	5	3			4		
				4	2	9		
9				7				5

8	9						3	6
				4				
3			6		5			9
9	7						6	8
		8				2		
6	2						7	4
2			3		9			1
				1				
5	1						4	7

4	1						8	5
			8		3			
	8	3		4		2	9	
			9	2	4			
	4						2	
			1	5	7			
	2	9		3		1	6	
			6		9			
6	3						5	9

1					3			7
			2	5				
		3	4		1	2		
8		1				7	9	
	4						3	
	9	6				8		4
		8	7		4	9		
				8	5			
6			9					5

	1							
		6						9
		9	6	8	7	5	1	
		8	2		6	7		
		1		3		2		
		5	4		8	1		
	8	7	5	2	3	6		
6						9		
							8	

Mind-blowing

						2	3	
				4	6		5	1
		5	7			8		4
		2		7			4	
	8		6		9		2	
	5			2		1		
2		9			7	4		
1	7		4	6				
	4	8						

				6	8			
	8		2				6	
		3	1		5	4		
1		8				3	4	
4								5
	9	6				7		2
		9	8		4	2		
	6				7		5	
			5	1				

			5	6				
	4					3	5	
	5	1			8	7		
		5	9		4			2
8				7				1
2			8		6	4		
		9	1			2	4	
	1	7					8	
				8	9			

	9		6	8				
			7			6		
3				9	1			
	1			4	6		3	
5								9
	3		8	5			6	
			4	3				7
		9			2			
				6	8		4	

			3					7
2			5				8	
8	3	1						
7				1			4	
	4			6			3	
	5			2				1
						2	9	5
	9				8			4
3					2			

	5				9	8		2
7					2	9		
9	6							7
	7			8				
4		5				6		8
				6			1	
5							3	9
		7	3					4
3		4	7				8	

Mind-blowing

	1		7	6			8	
6							1	4
			2			9		
3		6		1				
1			6		9			5
				5		6		1
		7			6			
4	6							2
	3			4	2		5	

	9						3	
2		8		4				5
		6			9	8	4	
		2	8		4			
	7			5			1	
			3		7	6		
	8	5	2			3		
1				7		5		6
	2						8	

68

	6	4		5				
					2			1
			4	3				5
	2		5		4	8		
9		3				4		2
		8	3		9		5	
7				8	5			
3			7					
				4		5	7	

69

9	1		7					6
	8				2		9	
				9			4	
		8	5					9
5			6		3			8
3					1	7		
	3			1				
	6		2				8	
8					6		7	4

			8		1			
8	9	2				1		
6	1		7			2		
9			1			5	2	
				3				
	4	3			5			9
		9			2		5	8
		8				4	6	2
			6		8			

	6	4		7		5	9	
1								6
			6		4			
	7		3		5		6	
		2				4		
	3		4		1		8	
			5		8			
3								8
	8	5		9		6	1	

Mind-blowing

5		3	4	9		6		
7		9						
				5	8			
4		1		6				9
				4				
9				7		5		2
			7	3				
						2		1
		7		2	9	8		5

73

3		1			5			
5	2	9			3			
							4	
	6	5			1			
		8		6		1		
			9			2	8	
	7							
			4			7	2	5
			2			9		1

Mind-blowing

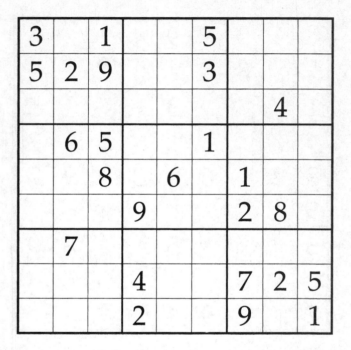

				9	4			6
		3				7		
1	7			3				5
							1	3
8	2		6		3		9	7
3	1							
6				5			8	9
		8				3		
7			9	4				

75

9	1	8						
7						1	5	
3		2		4			6	
			9	1				
		7	2		4	9		
				5	8			
	4			8		7		2
	7	1						6
						5	1	3

Mind-blowing

					3	8		
				6		9	2	
		8	2			7	5	6
		5	3		6			8
	6						7	
8			5		4	6		
2	9	6			5	1		
	3	4		1				
		1	6					

77

4				8	2			9
	6							3
		1	5				8	
			4	2		8		
	1						5	
		9		6	1			
	4				8	7		
9							4	
3			2	7				8

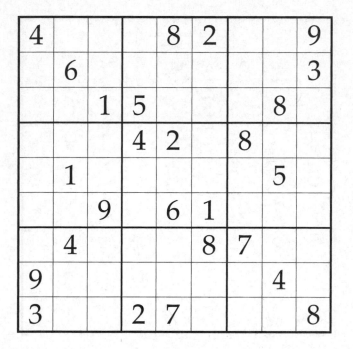

				2	4			
	1	8	6	5			4	
			3				6	
4						1	9	
3	8			9			2	5
	2	9						6
	9				8			
	5			4	9	6	3	
			5	7				

4			2	1	5			7
		7	6		3	9		
6				4				3
8		1				2		6
3				2				5
		3	5		2	8		
2			1	7	4			9

9	5	4						
1	8				6			
6		2				4		
			8	4			7	
			5	7	1			
	1			6	9			
		3				5		4
			3				6	7
						1	3	9

		7		2		8		4
			7					9
				3	6		7	
9						7		5
	1	2				4	6	
4		6						8
	2		5	8				
7					9			
1		4		7		5		

2	3				4		9	
		9			7	1		
	1		2					6
						5		
1			3		2			7
		5						
4					8		6	
		8	1			9		
	6		7				1	8

2	8					4	6	
					7			
	1		5		4			
	7	8	1			9		
		9				7		
		2			3	6	5	
			6		9		3	
			8					
	3	1					9	2

84

				4	3	1		
		1					5	
	7					2		6
				6				5
7			9		2			1
8				5				
5		2					3	
	8					4		
		4	3	9				

9								3
			6		1			
		5	3		7	4		
3								7
	4	7				6	1	
2								5
		2	5		8	7		
			7		6			
5								2

			2		9			
6			4		3			8
		2				1		
4	7			3			9	6
		3				7		
9	1			4			5	3
		8				6		
3			5		7			2
			1		8			

3	1		4	5				7
5			2				1	
		9		3				
6	5				4			
4		8				3		1
			7				4	6
				4		7		
	3				2			4
7				1	9		3	8

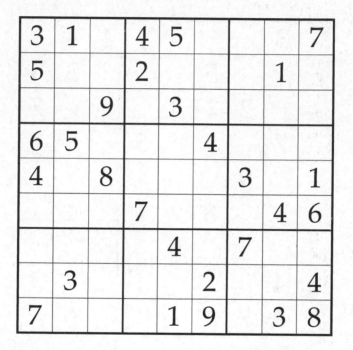

	3					4	8	
6			5				3	9
		2		3				7
	7				3			
		9				3		
			8				4	
3				6		5		
2	4				1			3
	9	7					6	

89

	6	5		4		9	1	
8	7	9	6			5		
1								
			4	9			2	
			3		1			
	9			6	2			
								9
		7			6	2	5	1
	2	1		5		3	6	

Mind-blowing

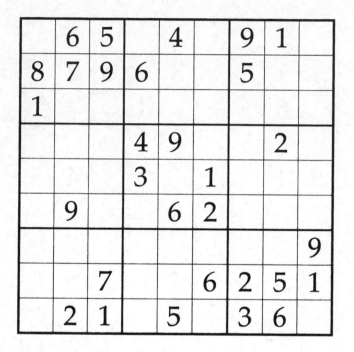

90

	5	3		2				
	7			8		5	2	9
	6				1			7
		5						
8	1						4	5
						8		
6			5				7	
7	3	1		4			5	
				6		2	1	

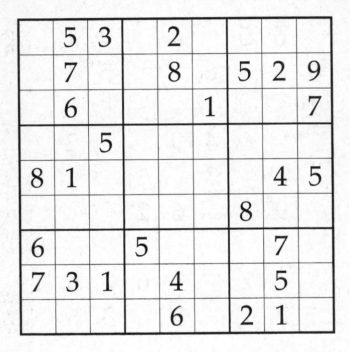

91

5						7	4	
							1	6
			4	2				5
		6		1	4			
		8	7		9	1		
			5	3		9		
7				9	1			
3	8							
	1	4						2

Mind-blowing

							5	
2			7		4		1	
	5			9	3			8
3	9	8						
	1	5				3	7	
						8	9	5
8			6	1			4	
	6		4		9			1
	7							

	5		3					
							8	2
	2	3			9			
	6					9		3
3		9	2		6	1		7
7		1					2	
			5			4	3	
6	1							
					4		9	

7			4			3		9
3		6		9				
			8	1				
	9					1		2
	5						8	
8		2					9	
				3	5			
				7		9		3
1		3			8			6

	3			9	1	7		
	2						1	8
1			8					
5			9		2	8		
4				1				3
		2	4		7			1
					3			9
9	4						6	
		1	5	4			8	

Mind-blowing

						8	6	
				1	7			
		6		9	5			7
		1				2		3
	7			8			5	
4		5				7		
3			1	5		4		
			9	3				
	8	4						

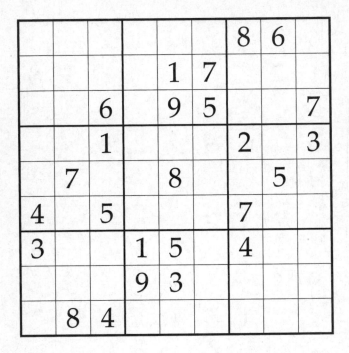

	3							
1			9	2	5			8
8		7	3	6				
	8	4	2					
	7						9	
					3	8	1	
				3	2	4		5
5			6	7	4			2
							7	

		1		5	9	8		
	7		4				5	
8								6
2				6			7	
3			5		7			9
	9			1				4
1								5
	3				1		9	
		2	8	9		3		

	6	3					5	
7	5			2				3
4		1	8					
		6			2			
	8			4			6	
			5			7		
					1	3		9
3				8			2	6
	9					5	4	

3			4					7
	5	7	6	2			9	
	9	8						
8	3		1					
	2						5	
					7		3	6
						5	6	
	7			4	1	3	8	
9					6			2

5		6						
		9				2		6
			7			5		9
2			8	3				
8		5	2		1	7		4
				5	9			2
9		7			2			
3		1				8		
						9		1

Mind-blowing

1				6	7	9		
		7		8			2	
8			5					
		9				5		
7				2				3
		3				8		
					6			1
	9			4		3		
		2	9	7				6

		5						4
8	4				2		1	
		1	8			7		
	7				6		3	
6								7
	5		3				9	
		7			9	1		
	3		2				6	9
4						3		

		9			4	6	2	
1	3						7	
6					7			8
8		5	2		6			
				8				
			9		1	8		6
5			4					2
	2						1	4
	4	7	1			3		

	8			6	4			
			3	9		2		6
	9		1					
2						8	6	
4	1						5	7
	3	6						9
					9		7	
9		5		7	2			
			5	8			9	

Mind-blowing

			3			9		
		2	1			4	3	
	6		8				7	1
2	8	5	9					
					5	7	8	9
7	3				9		1	
	1	4			8	2		
		6			1			

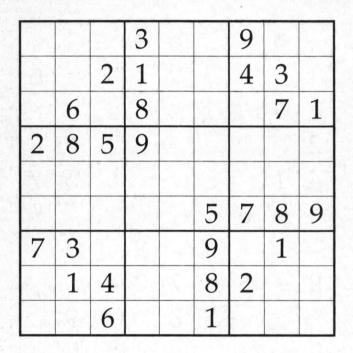

	8		5	3			2	
3			8			4		6
	7		9					
						6	7	8
8								2
5	1	7						
					8		3	
9		8			5			1
	5			2	9		6	

	8			4	9			
1			6					3
6				8			1	
9				6			2	8
8		1				3		6
2	6			9				5
	3			1				9
7					2			4
			9	3			7	

3								5
			5	2	6			
	9		8		7		2	
		5		8		2		
2		9				5		1
		4		1		9		
	7		4		8		6	
			3	6	2			
6								8

6	3				2			5
	4				5			
2				3				9
	8	2				4		
				9				
		1				5	3	
1				8				6
			7				5	
3			2				1	8

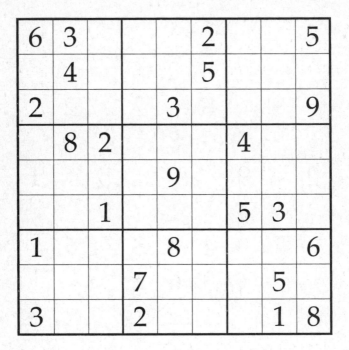

8					1	3		
		6		3			7	
					8	5	6	
2				4	5	7		
		1	7	2				3
	4	7	3					
	9			5		6		
		3	1					4

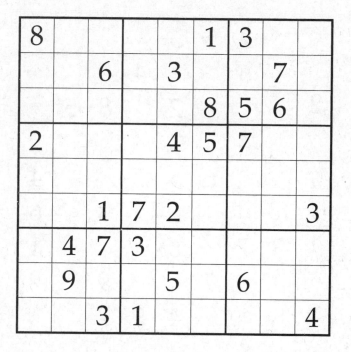

		2	5	3				
		6			4			
4				2		8	5	
7		4						
1			6		7			4
						3		6
	8	7		6				1
			7			9		
				4	9	7		

1			4				9	
	6			3	1	7		
		4	6		9	1		
		8					7	
		3	5		8	4		
	2					5		
		5	1		2	9		
		1	3	6			5	
	4				5			2

				4	2			
	7		8			4	2	
	6			1				
5							9	
9		8				7		1
	4							8
				6			8	
	3	2			1		6	
			4	3				

		2	4	7	8			
8								
1	7	4	2		9			
	4	7		1				
		3				4		
				8		5	3	
			8		6	1	7	5
								8
			1	2	5	9		

				5	2	4		
		5					3	
9	4			8				
3		1						9
4			1		3			2
5						8		3
				2			9	4
	6					3		
		4	7	3				

		2		3	1			
		4	8	5				
				9			6	8
1							7	
7	6	9				4	2	5
	3							6
9	5			7				
				4	6	9		
			1	8		6		

				1			8	
			2			4	9	
		5				1	2	
	2	6	1					
7			9	3	5			8
					6	9	1	
	6	4				5		
	7	9			3			
	3			4				

7					6			4
		2		9		3		
	8	9				2	5	
8			1		4			
	7						1	
			2		3			8
	4	5				8	6	
		7		8		1		
3			7					9

120

	3		5					9
1	6	8			9			
	5	7						
5				2			6	
			1	8	5			
	7			6				2
						9	2	
			7			4	1	5
8					2		3	

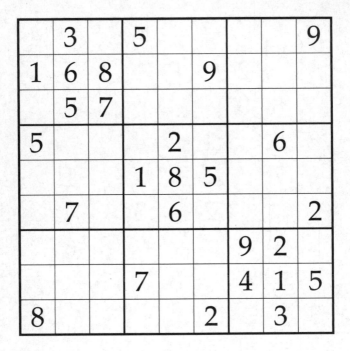

8		1				5		4
5		2	8		1	9		3
			4		6			
4			2	5	9			7
			1		7			
9		7	3		2	4		5
3		6				1		8

	1	2	7		8		6	
	8		3		2	9		
	7	9			6	1	2	
				7				
	3	1	2			6	4	
		5	8		7		9	
	9		1		3	4	8	

			2			5	9	
					8	2	1	6
				1				7
6						8	3	
9								1
	4	7						5
7				3				
8	6	1	9					
	5	9			6			

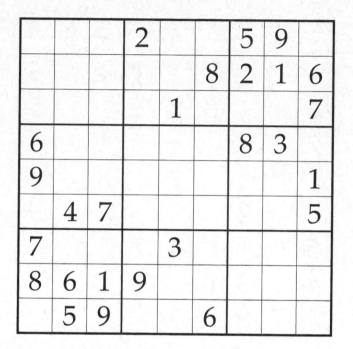

				5		9	8	
					1	4		6
6			3	8				5
7						1		
		5		2		8		
		2						9
5				4	7			1
4		3	6					
	7	9		1				

							4	
5		9			7			
		7		3	2	9	5	
	9	8		7				
		6	5		1	7		
				8		1	2	
	3	4	7	1		2		
			8			3		4
	7							

126

3	9		5			6		
6		8		3				
	4	5						8
8				2	9			
	7		8		4		6	
			3	7				4
1						7	3	
				5		1		9
		3			7		2	6

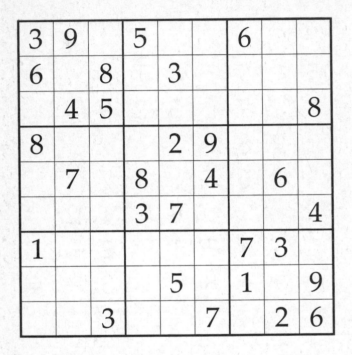

7					1	2	4	
			4	8				3
		3						6
	8		2		3			4
	7			9			1	
3			7		4		6	
6						5		
1				2	8			
	3	7	1					9

4				3		7		
	6			7				
	3				8	2		9
	4				1			6
		3				1		
1			8				5	
7		4	2				9	
				9			8	
		2		4				7

2	4							
	8			5	9			
5			7	6				
8						9		
6		9		4		7		5
		2						1
				2	7			9
			6	3			5	
							8	7

2	8							1
9		7		5	6			
	4	6	8					
		1	6				2	
	2			3			6	
	6				9	1		
					1	7	8	
			5	8		9		2
1							5	3

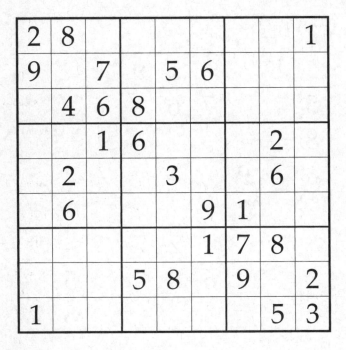

			9	8	3	6		
				7		3		
					1		7	4
5						1		6
1	4						3	9
2		6						7
4	6		8					
		5		9				
		8	3	6	4			

2				5	4			6
		1			6	9		
	6			1			5	
3	7							
4		9				7		2
							4	8
	2			7			3	
		3	5			6		
1			2	6				5

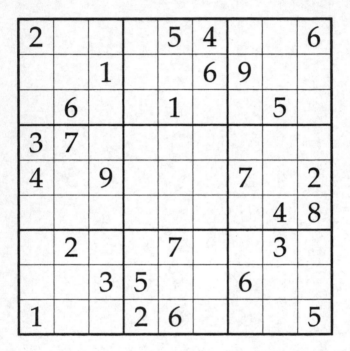

	5	3				7	6	
		2	7	6	5	4		
2	3			1			5	4
			2		3			
1	8			7			2	9
		9	1	4	7	2		
	2	4				9	7	

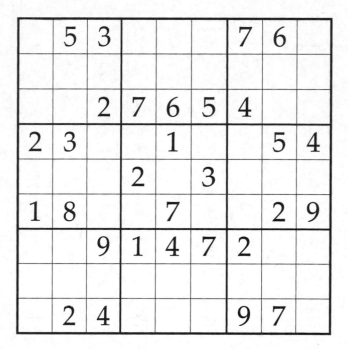

5			7	6	9			2
		6				8		
			2		4			
		8	3		1	2		
9								5
		7	5		6	9		
			4		7			
		3				6		
1			6	3	8			9

	3	8		2				4
		6		1				8
		9	8					
			4			8		3
			6	9	5			
6		4			3			
					9	5		
3				6		2		
9				5		1	3	

136

2	5		7	1		4		
1		8				2	9	
								1
			4		7			2
6			3		5			
7								
	3	1				9		6
		9		8	3		7	5

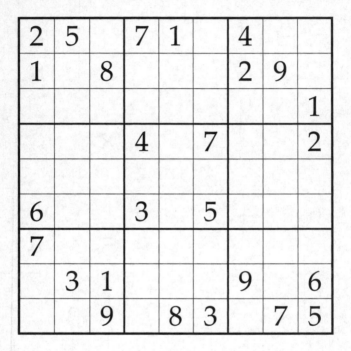

	9	1	3					
2	3			4				
8			9	7				
5		6			4			
	4	8				9	7	
			1			6		5
				1	7			4
				3			2	7
					5	3	1	

		6		7		1	2	
5			8					
2			6		3			4
		4				8	3	
3								5
	5	8				7		
8			3		9			7
					7			6
	4	3		8		5		

7		2		8	1			
	8			5				
3		9	6			5		
		7						1
1	2			3			5	9
9						7		
		4			3	1		2
				4			7	
			1	2		4		3

						9		3
		9	4				5	
6	3		5			7		
	4		6	9	8			1
5			2	7	1		9	
		8			6		4	5
	6				5	8		
1		5						

	6	5	8	4				9
9	2				6			1
	8							
3				6		2		
			2		9			
		2		8				4
							5	
4			5				7	3
2				9	7	1	4	

5		8	2					3
	9			4		5	8	
	4		9					6
						3		4
	5						1	
6		4						
7					3		5	
	6	9		7			3	
1					9	7		2

2				3	7		5	6
9						2		
	5		8					
1			3		5	7		
7				4				9
		4	7		9			2
					3		8	
		7						3
3	4		5	1				7

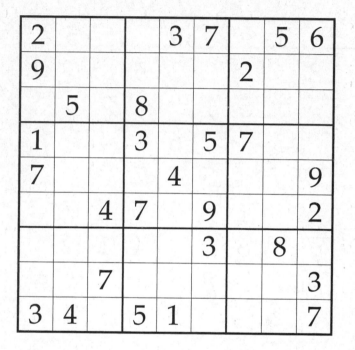

144

	1			9			5	
8					5			1
		5	1			7		
	5			6		4		
6			5	1	7			3
		1		3			7	
		6			4	1		
3			8					9
	2			5			4	

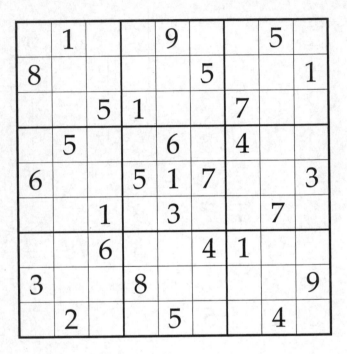

9				7	5	3		6
	8							
6			3		1			
	4		7					
8		7		6		2		5
					8		4	
			5		6			4
							2	
4		3	9	8				7

3			4	1				9
	5		8		7	1	6	
	6							
	4						3	6
5								1
9	2						8	
							1	
	3	2	7		1		9	
8				5	9			3

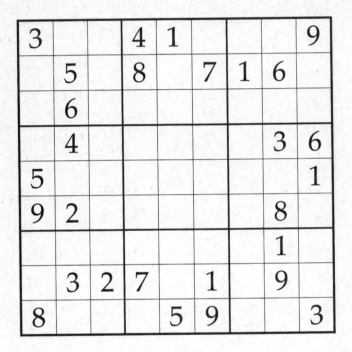

		4				9		
9				5	3			2
					2		6	4
			9	4				8
	4		3		8		1	
6				1	5			
4	3		8					
5			2	7				3
		2				4		

7				3	6			
					7		6	
			1	9			2	3
						9	3	
4	3			2			5	6
	6	1						
6	7			8	5			
	8		3					
			6	7				2

149

2			4		8			
	7		2	5			3	
		1						
7	5				2			6
	2						7	
4			5				1	3
						9		
	8			7	5		2	
			1		6			5

Mind-blowing

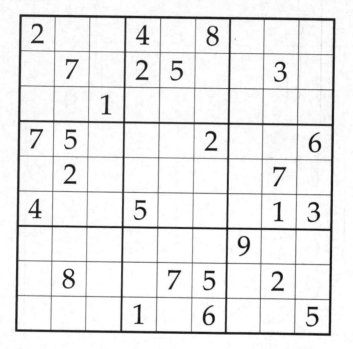

				6	8	3		
				4	9			
2						8	9	
	9				1			8
6	4						7	9
8			4				2	
	2	8						6
			9	5				
		3	8	7				

Solutions

1

9	1	8	7	2	4	3	6	5
5	3	4	1	8	6	2	7	9
6	7	2	5	9	3	8	4	1
7	5	9	4	6	2	1	8	3
4	2	3	8	1	5	6	9	7
8	6	1	3	7	9	5	2	4
1	4	7	6	3	8	9	5	2
2	8	5	9	4	1	7	3	6
3	9	6	2	5	7	4	1	8

2

7	9	2	5	8	3	6	4	1
5	6	4	2	1	9	3	7	8
8	3	1	6	4	7	2	5	9
4	7	8	3	9	5	1	6	2
9	2	3	1	6	4	7	8	5
6	1	5	8	7	2	9	3	4
2	5	6	9	3	8	4	1	7
3	4	9	7	5	1	8	2	6
1	8	7	4	2	6	5	9	3

3

1	4	2	7	**6**	**5**	9	**3**	8
3	**6**	7	8	4	**9**	**1**	5	**2**
8	5	9	2	3	1	4	**7**	**6**
7	3	6	**4**	2	8	5	1	**9**
4	**9**	5	**1**	**7**	**6**	2	**8**	3
2	8	1	9	5	**3**	6	4	7
9	**1**	3	6	8	4	7	2	5
5	2	**4**	**3**	9	7	8	**6**	1
6	**7**	8	**5**	**1**	2	3	9	4

4

1	**3**	**6**	4	5	**2**	8	7	9
7	8	5	9	1	3	6	4	**2**
4	9	2	**7**	**8**	**6**	5	3	**1**
6	5	**4**	**3**	9	**8**	**1**	2	7
9	2	**8**	5	**7**	1	**3**	6	4
3	7	**1**	**6**	2	**4**	**9**	8	**5**
8	1	9	**2**	**6**	**7**	4	5	3
5	4	7	8	3	9	2	1	6
2	6	3	**1**	4	5	**7**	**9**	8

5

5	7	4	3	9	6	2	1	8
2	9	3	5	8	1	4	6	7
6	8	1	2	7	4	5	9	3
7	2	8	6	4	9	3	5	1
3	5	6	8	1	2	9	7	4
1	4	9	7	5	3	6	8	2
8	3	2	1	6	5	7	4	9
9	1	5	4	2	7	8	3	6
4	6	7	9	3	8	1	2	5

6

9	6	1	3	5	8	2	7	4
5	2	8	4	1	7	9	3	6
3	7	4	6	2	9	8	1	5
1	4	2	9	8	3	5	6	7
6	3	9	1	7	5	4	2	8
7	8	5	2	6	4	1	9	3
2	5	7	8	3	1	6	4	9
8	9	6	7	4	2	3	5	1
4	1	3	5	9	6	7	8	2

7

5	1	4	9	3	7	6	8	2
2	8	9	5	4	6	3	7	1
3	7	6	2	8	1	9	5	4
8	6	1	4	5	2	7	3	9
7	4	5	6	9	3	2	1	8
9	3	2	7	1	8	4	6	5
4	5	8	3	7	9	1	2	6
6	9	3	1	2	5	8	4	7
1	2	7	8	6	4	5	9	3

8

3	9	5	2	1	4	7	8	6
1	7	8	9	5	6	4	2	3
2	6	4	3	8	7	1	9	5
6	2	1	4	9	3	8	5	7
4	3	9	8	7	5	6	1	2
5	8	7	1	6	2	9	3	4
8	4	3	6	2	1	5	7	9
9	5	2	7	4	8	3	6	1
7	1	6	5	3	9	2	4	8

9

8	2	4	7	1	9	5	3	6
7	6	1	8	3	5	9	4	2
5	3	9	4	2	6	1	8	7
3	8	2	9	4	7	6	5	1
6	9	5	1	8	3	2	7	4
1	4	7	6	5	2	3	9	8
2	7	6	3	9	4	8	1	5
9	5	8	2	7	1	4	6	3
4	1	3	5	6	8	7	2	9

10

3	6	1	5	8	4	7	9	2
5	7	9	2	6	3	1	4	8
8	2	4	9	7	1	6	3	5
2	5	6	8	1	9	3	7	4
4	3	7	6	5	2	8	1	9
1	9	8	3	4	7	2	5	6
6	8	3	7	9	5	4	2	1
7	4	5	1	2	8	9	6	3
9	1	2	4	3	6	5	8	7

11

1	9	7	3	6	4	2	5	8
2	3	4	1	8	5	6	9	7
5	8	6	7	2	9	4	1	3
7	2	5	9	4	3	8	6	1
4	6	9	8	7	1	5	3	2
8	1	3	2	5	6	7	4	9
9	5	2	4	1	7	3	8	6
3	4	8	6	9	2	1	7	5
6	7	1	5	3	8	9	2	4

12

5	6	1	2	3	9	7	4	8
4	3	9	8	5	7	1	2	6
7	2	8	6	4	1	3	5	9
6	5	4	7	8	2	9	3	1
3	1	7	4	9	6	2	8	5
9	8	2	3	1	5	4	6	7
1	9	3	5	6	4	8	7	2
2	4	6	9	7	8	5	1	3
8	7	5	1	2	3	6	9	4

13

3	8	9	5	7	1	2	6	4
1	4	2	6	3	9	5	7	8
7	5	6	8	4	2	1	3	9
9	1	5	2	8	7	6	4	3
4	2	8	3	5	6	9	1	7
6	3	7	1	9	4	8	2	5
5	6	4	7	1	8	3	9	2
2	7	3	9	6	5	4	8	1
8	9	1	4	2	3	7	5	6

14

7	3	4	9	8	2	1	6	5
1	6	8	7	4	5	2	3	9
9	2	5	6	3	1	7	4	8
8	7	3	5	6	9	4	1	2
6	4	1	2	7	8	5	9	3
2	5	9	4	1	3	8	7	6
5	8	7	3	9	4	6	2	1
4	9	2	1	5	6	3	8	7
3	1	6	8	2	7	9	5	4

15

9	3	4	5	1	7	2	8	6
2	6	8	4	3	9	1	5	7
1	7	5	2	8	6	4	9	3
7	8	9	6	2	4	5	3	1
5	1	2	9	7	3	6	4	8
3	4	6	8	5	1	7	2	9
8	2	1	7	9	5	3	6	4
4	9	3	1	6	2	8	7	5
6	5	7	3	4	8	9	1	2

16

7	5	3	9	1	4	2	6	8
6	8	4	2	3	7	1	9	5
9	2	1	8	5	6	3	7	4
8	1	6	4	7	9	5	3	2
4	9	2	3	8	5	6	1	7
3	7	5	6	2	1	8	4	9
5	4	7	1	6	8	9	2	3
2	6	9	5	4	3	7	8	1
1	3	8	7	9	2	4	5	6

Su Doku

17

4	5	9	6	8	7	1	3	2
3	1	2	5	4	9	7	6	8
6	7	8	2	3	1	5	4	9
7	8	5	4	2	6	3	9	1
9	4	1	3	7	8	6	2	5
2	3	6	9	1	5	8	7	4
8	9	4	7	5	3	2	1	6
5	6	3	1	9	2	4	8	7
1	2	7	8	6	4	9	5	3

18

6	4	9	7	1	5	3	8	2
2	8	5	3	4	9	6	7	1
1	7	3	6	2	8	9	4	5
9	5	1	2	3	7	4	6	8
7	3	4	8	6	1	5	2	9
8	6	2	9	5	4	7	1	3
5	9	8	1	7	6	2	3	4
3	1	7	4	9	2	8	5	6
4	2	6	5	8	3	1	9	7

19

4	3	6	5	8	9	2	1	7
9	2	5	4	7	1	6	8	3
7	1	8	6	2	3	9	5	4
2	8	9	1	3	5	7	4	6
1	6	4	2	9	7	8	3	5
5	7	3	8	4	6	1	9	2
3	9	2	7	1	4	5	6	8
6	4	7	9	5	8	3	2	1
8	5	1	3	6	2	4	7	9

20

2	4	5	7	3	1	9	6	8
8	1	7	5	6	9	3	2	4
6	9	3	8	2	4	5	7	1
3	8	9	6	7	5	1	4	2
7	5	4	2	1	8	6	3	9
1	6	2	4	9	3	7	8	5
9	7	8	1	4	6	2	5	3
5	2	1	3	8	7	4	9	6
4	3	6	9	5	2	8	1	7

21

4	2	3	7	8	5	6	1	9
9	7	1	2	3	6	5	8	4
5	8	6	4	9	1	7	3	2
1	3	4	8	7	9	2	5	6
6	9	7	1	5	2	8	4	3
2	5	8	6	4	3	9	7	1
7	4	2	9	1	8	3	6	5
3	1	9	5	6	7	4	2	8
8	6	5	3	2	4	1	9	7

22

1	2	7	5	6	8	3	4	9
3	6	4	7	2	9	5	8	1
9	8	5	1	3	4	2	6	7
5	7	9	6	4	2	1	3	8
6	4	3	9	8	1	7	5	2
8	1	2	3	7	5	4	9	6
4	9	1	8	5	7	6	2	3
7	5	6	2	9	3	8	1	4
2	3	8	4	1	6	9	7	5

23

7	9	5	4	8	2	6	1	3
8	6	3	5	1	7	2	9	4
2	4	1	9	6	3	5	8	7
3	5	7	6	2	8	1	4	9
1	8	9	7	5	4	3	2	6
4	2	6	3	9	1	8	7	5
9	7	2	1	3	5	4	6	8
5	1	4	8	7	6	9	3	2
6	3	8	2	4	9	7	5	1

24

4	8	1	9	2	7	5	3	6
5	9	6	4	8	3	2	7	1
3	2	7	6	5	1	4	9	8
2	3	5	1	6	4	9	8	7
8	7	9	5	3	2	6	1	4
6	1	4	8	7	9	3	2	5
1	6	8	2	9	5	7	4	3
7	5	2	3	4	8	1	6	9
9	4	3	7	1	6	8	5	2

25

2	8	9	7	3	4	1	5	6
7	3	5	6	2	1	4	8	9
6	4	1	5	8	9	7	2	3
3	1	4	9	7	8	2	6	5
9	6	2	3	4	5	8	7	1
5	7	8	2	1	6	3	9	4
1	5	7	4	9	2	6	3	8
8	2	6	1	5	3	9	4	7
4	9	3	8	6	7	5	1	2

26

6	7	8	5	2	4	3	1	9
2	3	1	6	8	9	7	4	5
5	4	9	3	7	1	6	2	8
8	5	3	4	1	2	9	7	6
1	9	7	8	5	6	4	3	2
4	6	2	9	3	7	5	8	1
3	8	4	2	6	5	1	9	7
9	1	5	7	4	8	2	6	3
7	2	6	1	9	3	8	5	4

27

7	6	2	8	9	1	4	5	3
8	1	3	6	4	5	7	9	2
9	4	5	2	3	7	6	1	8
3	9	1	4	8	6	5	2	7
6	5	7	1	2	3	9	8	4
2	8	4	7	5	9	1	3	6
4	2	6	9	1	8	3	7	5
1	3	8	5	7	4	2	6	9
5	7	9	3	6	2	8	4	1

28

3	7	6	4	8	2	5	1	9
5	4	8	3	9	1	6	2	7
9	1	2	6	5	7	4	3	8
2	5	9	8	7	3	1	4	6
6	3	1	2	4	9	8	7	5
7	8	4	5	1	6	2	9	3
8	6	7	9	2	4	3	5	1
1	2	3	7	6	5	9	8	4
4	9	5	1	3	8	7	6	2

29

9	1	6	5	7	3	8	4	2
2	8	5	9	1	4	3	7	6
4	7	3	6	2	8	9	1	5
1	3	8	4	6	2	7	5	9
7	4	9	8	5	1	6	2	3
5	6	2	3	9	7	1	8	4
6	2	7	1	3	5	4	9	8
8	9	1	2	4	6	5	3	7
3	5	4	7	8	9	2	6	1

30

2	8	3	5	1	7	4	9	6
6	7	4	3	2	9	5	8	1
5	1	9	6	4	8	7	2	3
9	3	6	1	5	4	8	7	2
4	5	8	2	7	3	1	6	9
7	2	1	8	9	6	3	5	4
8	4	2	9	3	5	6	1	7
3	9	5	7	6	1	2	4	8
1	6	7	4	8	2	9	3	5

31

7	6	2	8	9	4	5	3	1
9	5	8	7	3	1	4	6	2
4	1	3	6	2	5	9	7	8
3	7	6	5	1	9	8	2	4
8	2	9	3	4	7	1	5	6
5	4	1	2	8	6	3	9	7
6	9	5	1	7	8	2	4	3
1	3	7	4	5	2	6	8	9
2	8	4	9	6	3	7	1	5

32

7	6	5	2	4	3	1	8	9
9	3	2	5	1	8	4	6	7
4	8	1	9	7	6	5	3	2
5	1	9	3	8	2	6	7	4
6	4	8	7	5	9	3	2	1
2	7	3	4	6	1	9	5	8
3	9	4	8	2	5	7	1	6
8	5	6	1	9	7	2	4	3
1	2	7	6	3	4	8	9	5

33

5	6	8	3	9	2	4	7	1
4	2	9	8	1	7	3	5	6
1	3	7	4	6	5	2	8	9
3	9	4	5	7	6	1	2	8
7	1	6	9	2	8	5	4	3
2	8	5	1	4	3	9	6	7
6	7	1	2	5	9	8	3	4
9	5	3	7	8	4	6	1	2
8	4	2	6	3	1	7	9	5

34

2	4	5	1	8	6	9	7	3
6	3	9	5	4	7	1	8	2
1	8	7	3	2	9	6	5	4
4	1	8	2	9	3	7	6	5
5	7	3	8	6	4	2	9	1
9	2	6	7	1	5	4	3	8
8	5	2	9	7	1	3	4	6
3	9	4	6	5	2	8	1	7
7	6	1	4	3	8	5	2	9

35

2	9	7	4	3	1	8	5	6
4	1	5	2	8	6	3	7	9
8	3	6	5	7	9	1	2	4
1	7	9	3	6	5	4	8	2
5	8	2	9	1	4	7	6	3
6	4	3	7	2	8	9	1	5
3	6	1	8	9	2	5	4	7
9	5	8	6	4	7	2	3	1
7	2	4	1	5	3	6	9	8

36

9	4	1	5	8	2	7	6	3
5	7	3	6	4	1	8	9	2
8	2	6	3	9	7	5	4	1
6	9	7	2	3	5	4	1	8
1	3	2	4	7	8	9	5	6
4	5	8	1	6	9	3	2	7
7	6	4	9	1	3	2	8	5
2	8	9	7	5	6	1	3	4
3	1	5	8	2	4	6	7	9

37

1	4	8	5	9	2	7	6	3
2	3	6	1	4	7	9	5	8
9	7	5	8	3	6	4	1	2
8	2	3	4	5	9	6	7	1
6	9	4	7	8	1	3	2	5
5	1	7	6	2	3	8	4	9
4	6	2	3	1	8	5	9	7
3	5	1	9	7	4	2	8	6
7	8	9	2	6	5	1	3	4

38

8	4	7	9	5	2	3	1	6
9	3	6	7	8	1	2	4	5
5	1	2	4	3	6	8	7	9
3	9	8	1	6	7	4	5	2
7	5	4	2	9	8	1	6	3
2	6	1	3	4	5	9	8	7
4	2	5	6	1	3	7	9	8
6	7	9	8	2	4	5	3	1
1	8	3	5	7	9	6	2	4

39

5	4	2	8	9	1	7	3	6
8	3	1	7	4	6	5	9	2
6	7	9	5	2	3	4	8	1
9	1	5	3	6	8	2	4	7
4	8	6	9	7	2	3	1	5
3	2	7	4	1	5	8	6	9
1	5	8	2	3	9	6	7	4
7	9	3	6	5	4	1	2	8
2	6	4	1	8	7	9	5	3

40

6	3	8	4	1	2	9	5	7
9	1	7	8	3	5	4	2	6
4	2	5	6	9	7	3	8	1
3	4	9	5	2	1	6	7	8
8	5	2	7	6	9	1	3	4
7	6	1	3	8	4	2	9	5
5	7	3	9	4	6	8	1	2
1	8	4	2	5	3	7	6	9
2	9	6	1	7	8	5	4	3

41

3	1	7	4	**2**	9	5	8	6
6	4	9	**7**	**8**	**5**	2	1	**3**
5	**2**	8	**3**	1	**6**	7	**4**	9
1	6	2	5	9	4	8	3	**7**
8	**5**	**3**	2	7	1	**6**	**9**	**4**
9	7	4	6	3	8	1	5	**2**
2	**9**	5	**1**	6	**3**	4	**7**	8
7	8	1	**9**	**4**	**2**	3	6	**5**
4	3	6	8	**5**	7	9	2	1

42

7	4	3	8	9	5	1	2	6
8	**1**	6	3	7	2	5	**9**	4
2	**9**	**5**	**6**	1	**4**	8	**3**	7
4	**2**	**8**	**7**	6	**3**	**9**	**1**	5
5	**6**	**9**	**1**	4	**8**	**2**	**7**	3
1	**3**	**7**	**2**	5	**9**	**4**	**6**	8
3	**5**	**2**	**9**	8	**7**	**6**	**4**	1
6	**7**	4	5	2	1	3	**8**	9
9	8	1	4	3	6	7	5	2

43

3	4	1	9	6	5	2	7	8
8	5	7	3	4	2	9	6	1
9	6	2	8	1	7	3	4	5
4	8	9	1	7	3	6	5	2
5	1	6	4	2	8	7	3	9
2	7	3	5	9	6	1	8	4
7	2	4	6	8	9	5	1	3
1	9	5	7	3	4	8	2	6
6	3	8	2	5	1	4	9	7

44

9	6	8	1	4	7	2	3	5
2	1	5	6	8	3	7	4	9
7	4	3	9	2	5	8	1	6
8	7	6	5	3	1	9	2	4
5	3	1	2	9	4	6	7	8
4	9	2	7	6	8	1	5	3
3	5	7	8	1	9	4	6	2
1	2	9	4	5	6	3	8	7
6	8	4	3	7	2	5	9	1

45

2	8	6	5	1	3	9	7	4
9	7	4	8	6	2	3	1	5
5	1	3	7	9	4	2	6	8
8	6	5	2	7	9	4	3	1
1	3	2	4	5	8	7	9	6
7	4	9	6	3	1	8	5	2
4	5	7	9	2	6	1	8	3
3	9	8	1	4	5	6	2	7
6	2	1	3	8	7	5	4	9

46

8	9	5	7	6	3	2	4	1
3	1	6	8	4	2	7	5	9
7	4	2	1	5	9	8	6	3
2	5	3	4	7	8	1	9	6
4	8	7	9	1	6	5	3	2
1	6	9	3	2	5	4	7	8
6	7	8	2	9	4	3	1	5
5	3	4	6	8	1	9	2	7
9	2	1	5	3	7	6	8	4

47

9	2	3	8	6	7	1	4	5
7	8	1	4	2	5	6	3	9
6	4	5	9	1	3	2	8	7
1	6	4	2	8	9	5	7	3
2	7	9	5	3	6	8	1	4
3	5	8	7	4	1	9	2	6
4	3	6	1	5	8	7	9	2
8	9	2	6	7	4	3	5	1
5	1	7	3	9	2	4	6	8

48

5	9	2	7	8	4	3	1	6
7	3	4	9	1	6	8	2	5
1	6	8	3	5	2	9	7	4
6	7	5	8	4	9	1	3	2
4	8	3	6	2	1	5	9	7
9	2	1	5	7	3	4	6	8
2	1	7	4	9	5	6	8	3
3	4	9	2	6	8	7	5	1
8	5	6	1	3	7	2	4	9

49

2	**6**	**4**	9	8	**1**	5	3	7
8	5	3	**6**	7	2	9	4	1
7	**9**	1	4	**5**	3	**8**	**2**	**6**
5	2	**8**	**1**	4	6	7	**9**	3
6	**4**	7	**3**	9	**8**	1	**5**	2
1	**3**	9	5	2	**7**	**6**	8	4
9	**1**	**5**	2	**6**	4	3	**7**	8
3	8	2	7	1	**5**	4	6	9
4	7	6	**8**	3	9	**2**	**1**	5

50

4	**6**	2	1	5	**3**	8	7	**9**
1	8	**3**	7	2	9	5	4	**6**
7	5	**9**	4	6	**8**	**2**	**1**	3
3	7	**1**	8	**4**	2	6	9	5
5	9	8	**6**	3	**7**	4	2	1
2	4	6	9	**1**	5	**7**	3	**8**
8	**3**	**5**	**2**	7	1	**9**	6	4
9	2	4	3	8	6	**1**	5	7
6	1	7	**5**	9	4	3	**8**	**2**

51

8	3	4	9	1	2	7	5	6
9	2	1	5	7	6	8	4	3
5	7	6	8	4	3	1	9	2
1	9	7	3	2	8	5	6	4
6	4	5	1	9	7	3	2	8
3	8	2	4	6	5	9	1	7
7	6	3	2	5	9	4	8	1
4	5	8	6	3	1	2	7	9
2	1	9	7	8	4	6	3	5

52

5	6	9	7	2	1	4	8	3
2	1	7	8	4	3	6	9	5
4	8	3	6	5	9	1	2	7
6	3	1	9	8	5	2	7	4
8	2	5	3	7	4	9	6	1
9	7	4	2	1	6	5	3	8
3	5	2	4	6	8	7	1	9
7	4	8	1	9	2	3	5	6
1	9	6	5	3	7	8	4	2

53

9	7	3	4	1	5	2	8	6
4	8	6	2	3	7	5	1	9
2	1	5	8	9	6	7	3	4
5	3	8	1	2	9	4	6	7
6	2	9	7	8	4	1	5	3
1	4	7	5	6	3	9	2	8
7	6	2	3	4	1	8	9	5
8	9	4	6	5	2	3	7	1
3	5	1	9	7	8	6	4	2

54

9	3	8	6	5	1	2	4	7
5	6	2	4	7	9	3	8	1
7	4	1	3	8	2	5	6	9
2	8	6	1	4	5	7	9	3
4	1	9	8	3	7	6	2	5
3	5	7	2	9	6	8	1	4
6	2	3	5	1	4	9	7	8
1	9	5	7	6	8	4	3	2
8	7	4	9	2	3	1	5	6

55

3	7	1	8	9	6	5	4	2
8	9	6	2	5	4	1	7	3
5	2	4	7	1	3	6	8	9
2	1	8	6	3	5	7	9	4
6	3	9	4	8	7	2	5	1
4	5	7	9	2	1	8	3	6
1	8	5	3	6	9	4	2	7
7	6	3	5	4	2	9	1	8
9	4	2	1	7	8	3	6	5

56

8	9	5	1	2	7	4	3	6
1	6	2	9	4	3	7	8	5
3	4	7	6	8	5	1	2	9
9	7	1	4	3	2	5	6	8
4	5	8	7	9	6	2	1	3
6	2	3	8	5	1	9	7	4
2	8	4	3	7	9	6	5	1
7	3	6	5	1	4	8	9	2
5	1	9	2	6	8	3	4	7

57

4	1	6	7	9	2	3	8	5
2	9	5	8	6	3	7	1	4
7	8	3	5	4	1	2	9	6
1	5	8	9	2	4	6	7	3
9	4	7	3	8	6	5	2	1
3	6	2	1	5	7	9	4	8
8	2	9	4	3	5	1	6	7
5	7	4	6	1	9	8	3	2
6	3	1	2	7	8	4	5	9

58

1	8	2	6	9	3	5	4	7
4	6	7	2	5	8	3	1	9
9	5	3	4	7	1	2	6	8
8	3	1	5	4	6	7	9	2
7	4	5	8	2	9	6	3	1
2	9	6	3	1	7	8	5	4
5	1	8	7	6	4	9	2	3
3	2	9	1	8	5	4	7	6
6	7	4	9	3	2	1	8	5

59

5	**1**	2	3	9	4	8	7	6
8	7	**6**	1	5	2	4	3	**9**
4	3	**9**	**6**	**8**	**7**	**5**	**1**	2
3	9	**8**	**2**	1	**6**	**7**	5	4
7	4	**1**	9	**3**	5	**2**	6	8
2	6	**5**	**4**	7	**8**	**1**	9	3
9	**8**	**7**	**5**	**2**	**3**	**6**	4	1
6	5	3	8	4	1	**9**	2	7
1	2	4	7	6	9	3	**8**	5

60

6	1	4	9	8	5	**2**	**3**	7
8	3	7	2	**4**	**6**	9	**5**	**1**
9	2	**5**	**7**	1	3	**8**	6	**4**
3	9	**2**	8	**7**	1	6	**4**	5
4	**8**	1	**6**	5	**9**	7	**2**	3
7	**5**	6	3	**2**	4	**1**	8	9
2	6	**9**	5	3	**7**	**4**	1	8
1	**7**	3	**4**	**6**	8	5	9	2
5	**4**	**8**	1	9	2	3	7	6

61

2	4	5	7	6	8	9	3	1
9	8	1	2	4	3	5	6	7
6	7	3	1	9	5	4	2	8
1	5	8	6	7	2	3	4	9
4	2	7	3	8	9	6	1	5
3	9	6	4	5	1	7	8	2
5	1	9	8	3	4	2	7	6
8	6	4	9	2	7	1	5	3
7	3	2	5	1	6	8	9	4

62

7	2	8	5	6	3	1	9	4
9	4	6	7	2	1	3	5	8
3	5	1	4	9	8	7	2	6
1	7	5	9	3	4	8	6	2
8	6	4	2	7	5	9	3	1
2	9	3	8	1	6	4	7	5
6	8	9	1	5	7	2	4	3
5	1	7	3	4	2	6	8	9
4	3	2	6	8	9	5	1	7

63

7	9	1	6	8	4	2	5	3
8	4	5	7	2	3	6	9	1
3	2	6	5	9	1	4	7	8
9	1	8	2	4	6	7	3	5
5	6	4	3	1	7	8	2	9
2	3	7	8	5	9	1	6	4
6	8	2	4	3	5	9	1	7
4	5	9	1	7	2	3	8	6
1	7	3	9	6	8	5	4	2

64

4	6	5	3	8	1	9	2	7
2	7	9	5	4	6	1	8	3
8	3	1	2	9	7	4	5	6
7	2	3	8	1	5	6	4	9
1	4	8	7	6	9	5	3	2
9	5	6	4	2	3	8	7	1
6	8	7	1	3	4	2	9	5
5	9	2	6	7	8	3	1	4
3	1	4	9	5	2	7	6	8

Su Doku

65

1	**5**	3	6	7	**9**	**8**	4	**2**
7	4	8	5	3	**2**	**9**	6	1
9	**6**	2	8	1	4	3	5	**7**
2	**7**	6	1	**8**	5	4	9	3
4	1	**5**	9	2	3	**6**	7	**8**
8	3	9	4	**6**	7	2	**1**	5
5	8	1	2	4	6	7	**3**	**9**
6	9	**7**	**3**	5	8	1	2	**4**
3	2	**4**	**7**	9	1	5	**8**	6

66

2	**1**	9	**7**	**6**	4	5	**8**	3
6	7	3	9	8	5	2	**1**	**4**
8	4	5	**2**	3	1	**9**	6	7
3	5	**6**	4	**1**	7	8	2	9
1	8	4	**6**	2	**9**	3	7	**5**
7	9	2	3	**5**	8	**6**	4	**1**
5	2	**7**	1	9	**6**	4	3	8
4	**6**	8	5	7	3	1	9	**2**
9	**3**	1	8	**4**	**2**	7	**5**	6

67

7	9	4	5	8	6	2	3	1
2	1	8	7	4	3	9	6	5
3	5	6	1	2	9	8	4	7
5	6	2	8	1	4	7	9	3
9	7	3	6	5	2	4	1	8
8	4	1	3	9	7	6	5	2
4	8	5	2	6	1	3	7	9
1	3	9	4	7	8	5	2	6
6	2	7	9	3	5	1	8	4

68

1	6	4	9	5	7	2	8	3
5	3	9	8	6	2	7	4	1
8	7	2	4	3	1	9	6	5
6	2	7	5	1	4	8	3	9
9	5	3	6	7	8	4	1	2
4	1	8	3	2	9	6	5	7
7	4	1	2	8	5	3	9	6
3	8	5	7	9	6	1	2	4
2	9	6	1	4	3	5	7	8

69

9	1	4	7	3	5	8	2	6
7	8	3	4	6	2	5	9	1
6	5	2	1	9	8	3	4	7
1	2	8	5	4	7	6	3	9
5	7	9	6	2	3	4	1	8
3	4	6	9	8	1	7	5	2
2	3	7	8	1	4	9	6	5
4	6	5	2	7	9	1	8	3
8	9	1	3	5	6	2	7	4

70

5	3	7	8	2	1	9	4	6
8	9	2	5	6	4	1	3	7
6	1	4	7	9	3	2	8	5
9	8	6	1	4	7	5	2	3
2	5	1	9	3	6	8	7	4
7	4	3	2	8	5	6	1	9
3	6	9	4	1	2	7	5	8
1	7	8	3	5	9	4	6	2
4	2	5	6	7	8	3	9	1

71

8	6	4	1	7	2	5	9	3
1	5	7	8	3	9	2	4	6
2	9	3	6	5	4	8	7	1
4	7	8	3	2	5	1	6	9
6	1	2	9	8	7	4	3	5
5	3	9	4	6	1	7	8	2
9	4	6	5	1	8	3	2	7
3	2	1	7	4	6	9	5	8
7	8	5	2	9	3	6	1	4

72

5	1	3	4	9	7	6	2	8
7	8	9	2	1	6	4	5	3
2	6	4	3	5	8	1	9	7
4	7	1	5	6	2	3	8	9
8	5	2	9	4	3	7	1	6
9	3	6	8	7	1	5	4	2
1	2	8	7	3	5	9	6	4
3	9	5	6	8	4	2	7	1
6	4	7	1	2	9	8	3	5

73

3	4	1	7	8	5	6	9	2
5	2	9	6	4	3	8	1	7
6	8	7	1	9	2	5	4	3
4	6	5	8	2	1	3	7	9
2	9	8	3	6	7	1	5	4
7	1	3	9	5	4	2	8	6
1	7	2	5	3	9	4	6	8
9	3	6	4	1	8	7	2	5
8	5	4	2	7	6	9	3	1

74

2	8	5	7	9	4	1	3	6
4	9	3	5	6	1	7	2	8
1	7	6	8	3	2	9	4	5
5	6	7	2	8	9	4	1	3
8	2	4	6	1	3	5	9	7
3	1	9	4	7	5	8	6	2
6	4	1	3	5	7	2	8	9
9	5	8	1	2	6	3	7	4
7	3	2	9	4	8	6	5	1

75

9	1	8	5	7	6	3	2	4
7	6	4	8	3	2	1	5	9
3	5	2	1	4	9	8	6	7
4	2	5	9	1	3	6	7	8
1	8	7	2	6	4	9	3	5
6	3	9	7	5	8	2	4	1
5	4	3	6	8	1	7	9	2
2	7	1	3	9	5	4	8	6
8	9	6	4	2	7	5	1	3

76

6	2	9	7	5	3	8	1	4
4	5	7	8	6	1	9	2	3
3	1	8	2	4	9	7	5	6
1	4	5	3	7	6	2	9	8
9	6	3	1	8	2	4	7	5
8	7	2	5	9	4	6	3	1
2	9	6	4	3	5	1	8	7
7	3	4	9	1	8	5	6	2
5	8	1	6	2	7	3	4	9

Su Doku

77

4	3	5	7	8	2	1	6	9
7	6	8	1	4	9	5	2	3
2	9	1	5	3	6	4	8	7
6	7	3	4	2	5	8	9	1
8	1	4	3	9	7	6	5	2
5	2	9	8	6	1	3	7	4
1	4	2	9	5	8	7	3	6
9	8	7	6	1	3	2	4	5
3	5	6	2	7	4	9	1	8

78

5	3	6	9	2	4	8	7	1
9	1	8	6	5	7	2	4	3
2	7	4	3	8	1	5	6	9
4	6	5	8	3	2	1	9	7
3	8	1	7	9	6	4	2	5
7	2	9	4	1	5	3	8	6
1	9	3	2	6	8	7	5	4
8	5	7	1	4	9	6	3	2
6	4	2	5	7	3	9	1	8

79

4	8	9	**2**	**1**	**5**	6	3	**7**
5	2	**7**	**6**	8	**3**	**9**	1	4
1	3	6	4	9	7	5	2	8
6	5	2	8	**4**	1	7	9	**3**
8	7	**1**	3	5	9	**2**	4	**6**
3	9	4	7	**2**	6	1	8	**5**
7	1	5	9	3	8	4	6	2
9	4	**3**	**5**	6	**2**	**8**	7	1
2	6	8	**1**	**7**	**4**	3	5	**9**

80

9	**5**	**4**	1	3	8	7	2	6
1	**8**	7	4	2	**6**	9	5	3
6	3	**2**	7	9	5	**4**	1	8
5	2	9	**8**	**4**	3	6	**7**	1
3	4	6	**5**	**7**	**1**	8	9	2
7	**1**	8	2	**6**	**9**	3	4	5
2	6	**3**	9	1	7	**5**	8	**4**
8	9	1	**3**	5	4	2	**6**	**7**
4	7	5	6	8	2	**1**	**3**	**9**

81

3	6	7	9	2	1	8	5	4
2	4	1	7	5	8	6	3	9
8	5	9	4	3	6	2	7	1
9	3	8	6	4	2	7	1	5
5	1	2	8	9	7	4	6	3
4	7	6	3	1	5	9	2	8
6	2	3	5	8	4	1	9	7
7	8	5	1	6	9	3	4	2
1	9	4	2	7	3	5	8	6

82

2	3	7	6	1	4	8	9	5
6	8	9	5	3	7	1	4	2
5	1	4	2	8	9	3	7	6
8	7	2	4	9	6	5	3	1
1	9	6	3	5	2	4	8	7
3	4	5	8	7	1	6	2	9
4	5	1	9	2	8	7	6	3
7	2	8	1	6	3	9	5	4
9	6	3	7	4	5	2	1	8

83

2	8	5	3	9	1	4	6	7
4	9	6	2	8	7	3	1	5
7	1	3	5	6	4	2	8	9
5	7	8	1	2	6	9	4	3
3	6	9	4	5	8	7	2	1
1	4	2	9	7	3	6	5	8
8	2	7	6	1	9	5	3	4
9	5	4	8	3	2	1	7	6
6	3	1	7	4	5	8	9	2

84

6	5	8	2	4	3	1	9	7
9	2	1	7	8	6	3	5	4
4	7	3	5	1	9	2	8	6
2	3	9	8	6	1	7	4	5
7	4	5	9	3	2	8	6	1
8	1	6	4	5	7	9	2	3
5	9	2	1	7	4	6	3	8
3	8	7	6	2	5	4	1	9
1	6	4	3	9	8	5	7	2

85

9	6	8	4	5	2	1	7	3
7	3	4	6	9	1	5	2	8
1	2	5	3	8	7	4	9	6
3	5	9	1	6	4	2	8	7
8	4	7	2	3	5	6	1	9
2	1	6	8	7	9	3	4	5
6	9	2	5	1	8	7	3	4
4	8	3	7	2	6	9	5	1
5	7	1	9	4	3	8	6	2

86

1	5	4	2	8	9	3	6	7
6	9	7	4	1	3	5	2	8
8	3	2	6	7	5	1	4	9
4	7	5	8	3	1	2	9	6
2	8	3	9	5	6	7	1	4
9	1	6	7	4	2	8	5	3
5	2	8	3	9	4	6	7	1
3	4	1	5	6	7	9	8	2
7	6	9	1	2	8	4	3	5

87

3	1	2	4	5	6	9	8	7
5	6	7	2	9	8	4	1	3
8	4	9	1	3	7	2	6	5
6	5	1	3	2	4	8	7	9
4	7	8	9	6	5	3	2	1
2	9	3	7	8	1	5	4	6
1	8	5	6	4	3	7	9	2
9	3	6	8	7	2	1	5	4
7	2	4	5	1	9	6	3	8

88

7	3	1	9	2	6	4	8	5
6	8	4	5	1	7	2	3	9
9	5	2	4	3	8	6	1	7
8	7	5	6	4	3	9	2	1
4	6	9	1	7	2	3	5	8
1	2	3	8	9	5	7	4	6
3	1	8	2	6	9	5	7	4
2	4	6	7	5	1	8	9	3
5	9	7	3	8	4	1	6	2

89

3	6	5	2	4	7	9	1	8
8	7	9	6	1	3	5	4	2
1	4	2	5	8	9	6	7	3
6	1	3	4	9	5	8	2	7
2	5	8	3	7	1	4	9	6
7	9	4	8	6	2	1	3	5
5	3	6	1	2	4	7	8	9
4	8	7	9	3	6	2	5	1
9	2	1	7	5	8	3	6	4

90

9	5	3	7	2	4	1	8	6
1	7	4	3	8	6	5	2	9
2	6	8	9	5	1	4	3	7
4	9	5	1	3	8	7	6	2
8	1	7	6	9	2	3	4	5
3	2	6	4	7	5	8	9	1
6	8	2	5	1	3	9	7	4
7	3	1	2	4	9	6	5	8
5	4	9	8	6	7	2	1	3

91

5	6	2	1	8	3	7	4	9
8	4	3	9	5	7	2	1	6
1	9	7	4	2	6	8	3	5
9	5	6	8	1	4	3	2	7
2	3	8	7	6	9	1	5	4
4	7	1	5	3	2	9	6	8
7	2	5	6	9	1	4	8	3
3	8	9	2	4	5	6	7	1
6	1	4	3	7	8	5	9	2

92

9	4	3	1	6	8	2	5	7
2	8	6	7	5	4	9	1	3
7	5	1	2	9	3	4	6	8
3	9	8	5	7	6	1	2	4
4	1	5	9	8	2	3	7	6
6	2	7	3	4	1	8	9	5
8	3	9	6	1	7	5	4	2
5	6	2	4	3	9	7	8	1
1	7	4	8	2	5	6	3	9

93

4	5	8	3	6	2	7	1	9
9	7	6	4	5	1	3	8	2
1	2	3	7	8	9	5	6	4
2	6	5	1	7	8	9	4	3
3	8	9	2	4	6	1	5	7
7	4	1	9	3	5	6	2	8
8	9	2	5	1	7	4	3	6
6	1	4	8	9	3	2	7	5
5	3	7	6	2	4	8	9	1

94

7	1	8	4	5	6	3	2	9
3	4	6	7	9	2	5	1	8
5	2	9	8	1	3	7	6	4
6	9	7	5	8	4	1	3	2
4	5	1	3	2	9	6	8	7
8	3	2	1	6	7	4	9	5
9	6	4	2	3	5	8	7	1
2	8	5	6	7	1	9	4	3
1	7	3	9	4	8	2	5	6

95

8	**3**	5	2	**9**	**1**	**7**	4	6
6	**2**	9	3	7	4	5	**1**	**8**
1	7	4	**8**	5	6	9	3	2
5	1	6	**9**	3	**2**	**8**	7	4
4	8	7	6	**1**	5	2	9	**3**
3	9	**2**	**4**	8	**7**	6	5	**1**
7	5	8	1	6	**3**	4	2	**9**
9	**4**	3	7	2	8	1	**6**	5
2	6	**1**	**5**	**4**	9	3	**8**	7

96

7	1	9	2	4	3	**8**	**6**	5
5	3	8	6	**1**	**7**	9	2	4
2	4	**6**	8	**9**	**5**	3	1	**7**
8	6	**1**	5	7	9	**2**	4	**3**
9	**7**	3	4	**8**	2	6	**5**	1
4	2	**5**	3	6	1	**7**	9	8
3	9	2	**1**	**5**	8	**4**	7	6
6	5	7	**9**	**3**	4	1	8	2
1	**8**	**4**	7	2	6	5	3	9

97

9	3	5	4	8	7	6	2	1
1	4	6	9	2	5	7	3	8
8	2	7	3	6	1	5	4	9
6	8	4	2	1	9	3	5	7
3	7	1	8	5	6	2	9	4
2	5	9	7	4	3	8	1	6
7	9	8	1	3	2	4	6	5
5	1	3	6	7	4	9	8	2
4	6	2	5	9	8	1	7	3

98

4	2	1	6	5	9	8	3	7
9	7	6	4	3	8	1	5	2
8	5	3	1	7	2	9	4	6
2	1	8	9	6	4	5	7	3
3	6	4	5	8	7	2	1	9
5	9	7	2	1	3	6	8	4
1	8	9	3	4	6	7	2	5
6	3	5	7	2	1	4	9	8
7	4	2	8	9	5	3	6	1

99

8	**6**	**3**	9	1	7	2	**5**	4
7	**5**	9	6	**2**	4	8	1	**3**
4	2	**1**	**8**	3	5	6	9	7
5	3	**6**	7	9	**2**	4	8	1
2	**8**	7	1	**4**	3	9	**6**	5
9	1	4	**5**	6	8	**7**	3	2
6	4	8	2	5	**1**	**3**	7	**9**
3	7	5	4	**8**	9	1	**2**	**6**
1	**9**	2	3	7	6	**5**	**4**	8

100

3	6	2	**4**	9	5	8	1	**7**
1	**5**	**7**	**6**	**2**	8	4	**9**	3
4	**9**	**8**	7	1	3	6	2	5
8	**3**	6	**1**	5	2	9	7	4
7	**2**	9	3	6	4	1	**5**	8
5	1	4	9	8	**7**	2	**3**	**6**
2	4	3	8	7	9	**5**	**6**	1
6	**7**	5	2	**4**	**1**	**3**	**8**	9
9	8	1	5	3	**6**	7	4	**2**

101

5	2	6	1	9	4	3	7	8
7	4	9	5	8	3	2	1	6
1	3	8	7	2	6	5	4	9
2	1	4	8	3	7	6	9	5
8	9	5	2	6	1	7	3	4
6	7	3	4	5	9	1	8	2
9	8	7	6	1	2	4	5	3
3	6	1	9	4	5	8	2	7
4	5	2	3	7	8	9	6	1

102

1	2	5	4	6	7	9	3	8
9	4	7	1	8	3	6	2	5
8	3	6	5	9	2	7	1	4
4	6	9	3	1	8	5	7	2
7	5	8	6	2	9	1	4	3
2	1	3	7	5	4	8	6	9
5	7	4	8	3	6	2	9	1
6	9	1	2	4	5	3	8	7
3	8	2	9	7	1	4	5	6

103

7	2	5	1	9	3	6	8	4
8	4	6	7	5	2	9	1	3
3	9	1	8	6	4	7	2	5
9	7	2	5	4	6	8	3	1
6	8	3	9	2	1	5	4	7
1	5	4	3	7	8	2	9	6
2	6	7	4	3	9	1	5	8
5	3	8	2	1	7	4	6	9
4	1	9	6	8	5	3	7	2

104

7	8	9	5	1	4	6	2	3
1	3	4	8	6	2	5	7	9
6	5	2	3	9	7	1	4	8
8	1	5	2	3	6	4	9	7
4	9	6	7	8	5	2	3	1
2	7	3	9	4	1	8	5	6
5	6	1	4	7	3	9	8	2
3	2	8	6	5	9	7	1	4
9	4	7	1	2	8	3	6	5

105

7	8	3	2	6	4	9	1	5
5	4	1	3	9	7	2	8	6
6	9	2	1	5	8	7	4	3
2	5	7	9	4	3	8	6	1
4	1	9	8	2	6	3	5	7
8	3	6	7	1	5	4	2	9
1	2	8	6	3	9	5	7	4
9	6	5	4	7	2	1	3	8
3	7	4	5	8	1	6	9	2

106

4	7	1	3	5	6	9	2	8
8	5	2	1	9	7	4	3	6
3	6	9	8	4	2	5	7	1
2	8	5	9	7	3	1	6	4
1	9	7	6	8	4	3	5	2
6	4	3	2	1	5	7	8	9
7	3	8	4	2	9	6	1	5
5	1	4	7	6	8	2	9	3
9	2	6	5	3	1	8	4	7

107

6	8	1	5	3	4	7	2	9
3	2	9	8	1	7	4	5	6
4	7	5	9	6	2	1	8	3
2	9	3	4	5	1	6	7	8
8	4	6	7	9	3	5	1	2
5	1	7	2	8	6	3	9	4
7	6	2	1	4	8	9	3	5
9	3	8	6	7	5	2	4	1
1	5	4	3	2	9	8	6	7

108

3	8	2	1	4	9	5	6	7
1	9	5	6	2	7	4	8	3
6	7	4	5	8	3	9	1	2
9	5	3	4	6	1	7	2	8
8	4	1	2	7	5	3	9	6
2	6	7	3	9	8	1	4	5
4	3	8	7	1	6	2	5	9
7	1	9	8	5	2	6	3	4
5	2	6	9	3	4	8	7	1

109

3	8	2	1	4	9	6	7	5
1	4	7	5	2	6	8	9	3
5	9	6	8	3	7	1	2	4
7	1	5	9	8	3	2	4	6
2	3	9	6	7	4	5	8	1
8	6	4	2	1	5	9	3	7
9	7	1	4	5	8	3	6	2
4	5	8	3	6	2	7	1	9
6	2	3	7	9	1	4	5	8

110

6	3	8	9	4	2	1	7	5
7	4	9	1	6	5	2	8	3
2	1	5	8	3	7	6	4	9
5	8	2	6	7	3	4	9	1
4	7	3	5	9	1	8	6	2
9	6	1	4	2	8	5	3	7
1	5	7	3	8	4	9	2	6
8	2	6	7	1	9	3	5	4
3	9	4	2	5	6	7	1	8

111

8	5	2	6	7	1	3	4	9
9	1	6	5	3	4	2	7	8
3	7	4	2	9	8	5	6	1
2	3	9	8	4	5	7	1	6
7	6	5	9	1	3	4	8	2
4	8	1	7	2	6	9	5	3
6	4	7	3	8	9	1	2	5
1	9	8	4	5	2	6	3	7
5	2	3	1	6	7	8	9	4

112

8	7	2	5	3	1	6	4	9
5	9	6	8	7	4	1	3	2
4	1	3	9	2	6	8	5	7
7	6	4	2	9	3	5	1	8
1	3	8	6	5	7	2	9	4
2	5	9	4	1	8	3	7	6
9	8	7	3	6	5	4	2	1
3	4	1	7	8	2	9	6	5
6	2	5	1	4	9	7	8	3

113

1	5	2	4	8	7	3	9	6
8	6	9	2	3	1	7	4	5
7	3	4	6	5	9	1	2	8
5	1	8	9	4	6	2	7	3
9	7	3	5	2	8	4	6	1
4	2	6	7	1	3	5	8	9
6	8	5	1	7	2	9	3	4
2	9	1	3	6	4	8	5	7
3	4	7	8	9	5	6	1	2

114

3	8	9	6	4	2	1	7	5
1	7	5	8	9	3	4	2	6
2	6	4	5	1	7	8	3	9
5	1	6	7	8	4	2	9	3
9	2	8	3	5	6	7	4	1
7	4	3	1	2	9	6	5	8
4	9	1	2	6	5	3	8	7
8	3	2	9	7	1	5	6	4
6	5	7	4	3	8	9	1	2

115

3	5	2	4	7	8	6	9	1
8	9	6	3	5	1	7	4	2
1	7	4	2	6	9	8	5	3
9	4	7	5	1	3	2	8	6
5	8	3	6	9	2	4	1	7
2	6	1	7	8	4	5	3	9
4	2	9	8	3	6	1	7	5
6	1	5	9	4	7	3	2	8
7	3	8	1	2	5	9	6	4

116

6	3	8	9	5	2	4	7	1
2	1	5	6	4	7	9	3	8
9	4	7	3	8	1	6	2	5
3	2	1	5	6	8	7	4	9
4	8	9	1	7	3	5	6	2
5	7	6	2	9	4	8	1	3
7	5	3	8	2	6	1	9	4
8	6	2	4	1	9	3	5	7
1	9	4	7	3	5	2	8	6

117

8	7	**2**	6	**3**	1	5	9	4
6	9	**4**	**8**	**5**	2	7	1	3
5	1	3	7	**9**	4	2	**6**	**8**
1	2	8	4	6	5	3	**7**	9
7	**6**	**9**	3	1	8	**4**	**2**	**5**
4	**3**	5	9	2	7	1	8	**6**
9	**5**	6	2	**7**	3	8	4	1
2	8	1	5	**4**	**6**	**9**	3	7
3	4	7	**1**	**8**	9	**6**	5	2

118

2	9	3	6	**1**	4	7	**8**	5
6	1	7	**2**	5	8	**4**	**9**	3
4	8	**5**	3	7	9	**1**	**2**	6
9	**2**	**6**	**1**	8	7	3	5	4
7	4	1	**9**	**3**	**5**	2	6	**8**
3	5	8	4	2	**6**	**9**	**1**	7
8	**6**	**4**	7	9	2	**5**	3	1
1	**7**	**9**	5	6	**3**	8	4	2
5	**3**	2	8	**4**	1	6	7	9

119

7	3	1	5	2	6	9	8	4
6	5	2	4	9	8	3	7	1
4	8	9	3	1	7	2	5	6
8	9	6	1	5	4	7	3	2
2	7	3	8	6	9	4	1	5
5	1	4	2	7	3	6	9	8
1	4	5	9	3	2	8	6	7
9	2	7	6	8	5	1	4	3
3	6	8	7	4	1	5	2	9

120

4	3	2	5	7	1	6	8	9
1	6	8	2	4	9	5	7	3
9	5	7	8	3	6	2	4	1
5	8	9	3	2	7	1	6	4
2	4	6	1	8	5	3	9	7
3	7	1	9	6	4	8	5	2
7	1	4	6	5	3	9	2	8
6	2	3	7	9	8	4	1	5
8	9	5	4	1	2	7	3	6

121

8	9	1	7	6	3	5	2	4
5	6	2	8	4	1	9	7	3
7	3	4	9	2	5	8	1	6
2	7	9	4	8	6	3	5	1
4	1	3	2	5	9	6	8	7
6	5	8	1	3	7	2	4	9
1	4	5	6	9	8	7	3	2
9	8	7	3	1	2	4	6	5
3	2	6	5	7	4	1	9	8

122

9	5	7	6	1	4	8	3	2
3	1	2	7	9	8	5	6	4
6	8	4	3	5	2	9	7	1
4	7	9	5	3	6	1	2	8
2	6	8	4	7	1	3	5	9
5	3	1	2	8	9	6	4	7
1	4	5	8	6	7	2	9	3
7	9	6	1	2	3	4	8	5
8	2	3	9	4	5	7	1	6

123

1	7	6	**2**	4	3	**5**	**9**	8
4	9	3	7	5	**8**	**2**	**1**	**6**
5	8	2	6	**1**	9	3	4	**7**
6	1	5	4	9	7	**8**	**3**	2
9	3	8	5	6	2	4	7	**1**
2	**4**	**7**	3	8	1	9	6	**5**
7	2	4	1	**3**	5	6	8	9
8	**6**	**1**	9	2	4	7	5	3
3	**5**	**9**	8	7	**6**	1	2	4

124

2	3	1	4	**5**	6	**9**	**8**	7
9	5	8	2	7	**1**	**4**	3	**6**
6	4	7	**3**	**8**	9	2	1	**5**
7	6	4	9	3	8	**1**	5	2
1	9	**5**	7	**2**	4	**8**	6	3
3	8	**2**	1	6	5	7	4	**9**
5	2	6	8	**4**	**7**	3	9	**1**
4	1	**3**	**6**	9	2	5	7	8
8	**7**	**9**	5	**1**	3	6	2	4

Su Doku

125

3	2	1	9	5	8	6	**4**	7
5	6	**9**	1	4	**7**	8	3	2
4	8	**7**	6	**3**	**2**	**9**	**5**	1
1	**9**	**8**	2	**7**	3	4	6	5
2	4	**6**	**5**	9	**1**	**7**	8	3
7	5	3	4	**8**	6	**1**	**2**	9
8	**3**	**4**	**7**	**1**	5	**2**	9	6
6	1	5	**8**	2	9	**3**	7	**4**
9	**7**	2	3	6	4	5	1	8

126

3	**9**	7	**5**	4	8	**6**	1	2
6	1	**8**	9	**3**	2	4	5	7
2	**4**	**5**	7	6	1	3	9	**8**
8	3	4	6	**2**	9	5	7	1
5	**7**	2	**8**	1	**4**	9	**6**	3
9	6	1	**3**	**7**	5	2	8	**4**
1	2	9	4	8	6	**7**	**3**	5
7	8	6	2	**5**	3	**1**	4	**9**
4	5	**3**	1	9	**7**	8	**2**	**6**

127

7	9	8	3	6	1	2	4	5
2	6	5	4	8	9	1	7	3
4	1	3	5	7	2	8	9	6
9	8	6	2	1	3	7	5	4
5	7	4	8	9	6	3	1	2
3	2	1	7	5	4	9	6	8
6	4	2	9	3	7	5	8	1
1	5	9	6	2	8	4	3	7
8	3	7	1	4	5	6	2	9

128

4	9	8	6	3	2	7	1	5
2	6	1	5	7	9	8	4	3
5	3	7	4	1	8	2	6	9
8	4	5	3	2	1	9	7	6
6	7	3	9	5	4	1	2	8
1	2	9	8	6	7	3	5	4
7	5	4	2	8	3	6	9	1
3	1	6	7	9	5	4	8	2
9	8	2	1	4	6	5	3	7

129

2	4	7	1	8	3	5	9	6
1	8	6	4	5	9	3	7	2
5	9	3	7	6	2	4	1	8
8	1	4	2	7	5	9	6	3
6	3	9	8	4	1	7	2	5
7	5	2	3	9	6	8	4	1
4	6	8	5	2	7	1	3	9
9	7	1	6	3	8	2	5	4
3	2	5	9	1	4	6	8	7

130

2	8	5	7	9	4	6	3	1
9	1	7	3	5	6	2	4	8
3	4	6	8	1	2	5	9	7
4	5	1	6	7	8	3	2	9
7	2	9	1	3	5	8	6	4
8	6	3	4	2	9	1	7	5
5	3	2	9	4	1	7	8	6
6	7	4	5	8	3	9	1	2
1	9	8	2	6	7	4	5	3

131

7	5	4	9	8	3	6	1	2
6	9	1	4	7	2	3	8	5
8	2	3	6	5	1	9	7	4
5	3	9	7	4	8	1	2	6
1	4	7	5	2	6	8	3	9
2	8	6	1	3	9	5	4	7
4	6	2	8	1	5	7	9	3
3	1	5	2	9	7	4	6	8
9	7	8	3	6	4	2	5	1

132

2	3	8	9	5	4	1	7	6
7	5	1	3	2	6	9	8	4
9	6	4	7	1	8	2	5	3
3	7	6	4	8	2	5	1	9
4	8	9	1	3	5	7	6	2
5	1	2	6	9	7	3	4	8
6	2	5	8	7	9	4	3	1
8	9	3	5	4	1	6	2	7
1	4	7	2	6	3	8	9	5

133

4	5	3	8	9	1	7	6	2
6	7	1	4	3	2	8	9	5
8	9	2	7	6	5	4	1	3
2	3	7	9	1	8	6	5	4
9	4	6	2	5	3	1	8	7
1	8	5	6	7	4	3	2	9
5	6	9	1	4	7	2	3	8
7	1	8	3	2	9	5	4	6
3	2	4	5	8	6	9	7	1

134

5	8	4	7	6	9	1	3	2
7	2	6	1	5	3	8	9	4
3	1	9	2	8	4	7	5	6
4	5	8	3	9	1	2	6	7
9	6	1	8	7	2	3	4	5
2	3	7	5	4	6	9	1	8
6	9	2	4	1	7	5	8	3
8	4	3	9	2	5	6	7	1
1	7	5	6	3	8	4	2	9

135

7	3	8	5	2	6	9	1	4
2	5	6	9	1	4	3	7	8
4	1	9	8	3	7	6	5	2
5	9	1	4	7	2	8	6	3
8	7	3	6	9	5	4	2	1
6	2	4	1	8	3	7	9	5
1	6	2	3	4	9	5	8	7
3	8	5	7	6	1	2	4	9
9	4	7	2	5	8	1	3	6

136

2	5	3	7	1	9	4	6	8
1	7	8	5	4	6	2	9	3
9	6	4	8	3	2	7	5	1
8	1	5	4	9	7	6	3	2
3	9	2	1	6	8	5	4	7
6	4	7	3	2	5	8	1	9
7	8	6	9	5	1	3	2	4
5	3	1	2	7	4	9	8	6
4	2	9	6	8	3	1	7	5

137

4	9	1	3	6	2	7	5	8
2	3	7	5	4	8	1	6	9
8	6	5	9	7	1	4	3	2
5	1	6	7	9	4	2	8	3
3	4	8	2	5	6	9	7	1
9	7	2	1	8	3	6	4	5
6	2	3	8	1	7	5	9	4
1	5	4	6	3	9	8	2	7
7	8	9	4	2	5	3	1	6

138

4	3	6	9	7	5	1	2	8
5	1	9	8	2	4	6	7	3
2	8	7	6	1	3	9	5	4
6	7	4	5	9	1	8	3	2
3	9	2	7	6	8	4	1	5
1	5	8	4	3	2	7	6	9
8	6	1	3	5	9	2	4	7
9	2	5	1	4	7	3	8	6
7	4	3	2	8	6	5	9	1

139

7	5	2	4	8	1	3	9	6
6	8	1	3	5	9	2	4	7
3	4	9	6	7	2	5	1	8
4	3	7	9	6	5	8	2	1
1	2	8	7	3	4	6	5	9
9	6	5	2	1	8	7	3	4
8	7	4	5	9	3	1	6	2
2	1	3	8	4	6	9	7	5
5	9	6	1	2	7	4	8	3

140

8	5	4	7	6	2	9	1	3
7	2	9	4	1	3	6	5	8
6	3	1	5	8	9	7	2	4
2	4	7	6	9	8	5	3	1
9	1	6	3	5	4	2	8	7
5	8	3	2	7	1	4	9	6
3	7	8	9	2	6	1	4	5
4	6	2	1	3	5	8	7	9
1	9	5	8	4	7	3	6	2

141

7	6	5	8	4	1	3	2	9
9	2	3	7	5	6	4	8	1
1	8	4	9	3	2	7	6	5
3	9	8	4	6	5	2	1	7
5	4	1	2	7	9	8	3	6
6	7	2	1	8	3	5	9	4
8	3	7	6	1	4	9	5	2
4	1	9	5	2	8	6	7	3
2	5	6	3	9	7	1	4	8

142

5	7	8	2	1	6	9	4	3
2	9	6	3	4	7	5	8	1
3	4	1	9	5	8	2	7	6
8	1	7	6	9	5	3	2	4
9	5	3	8	2	4	6	1	7
6	2	4	7	3	1	8	9	5
7	8	2	1	6	3	4	5	9
4	6	9	5	7	2	1	3	8
1	3	5	4	8	9	7	6	2

143.

2	1	8	4	3	7	9	5	6
9	7	3	1	5	6	2	4	8
4	5	6	8	9	2	3	7	1
1	9	2	3	8	5	7	6	4
7	6	5	2	4	1	8	3	9
8	3	4	7	6	9	5	1	2
6	2	1	9	7	3	4	8	5
5	8	7	6	2	4	1	9	3
3	4	9	5	1	8	6	2	7

144

4	1	7	2	9	3	8	5	6
8	6	9	7	4	5	2	3	1
2	3	5	1	8	6	7	9	4
7	5	3	9	6	8	4	1	2
6	4	2	5	1	7	9	8	3
9	8	1	4	3	2	6	7	5
5	9	6	3	7	4	1	2	8
3	7	4	8	2	1	5	6	9
1	2	8	6	5	9	3	4	7

145

9	2	4	8	7	5	3	1	6
3	8	1	6	4	9	5	7	2
6	7	5	3	2	1	4	8	9
2	4	9	7	5	3	1	6	8
8	3	7	1	6	4	2	9	5
1	5	6	2	9	8	7	4	3
7	9	2	5	1	6	8	3	4
5	6	8	4	3	7	9	2	1
4	1	3	9	8	2	6	5	7

146

3	7	8	4	1	6	2	5	9
2	5	9	8	3	7	1	6	4
1	6	4	5	9	2	3	7	8
7	4	1	9	2	8	5	3	6
5	8	6	3	7	4	9	2	1
9	2	3	1	6	5	4	8	7
4	9	5	6	8	3	7	1	2
6	3	2	7	4	1	8	9	5
8	1	7	2	5	9	6	4	3

147

2	1	4	6	8	7	9	3	5
9	8	6	4	5	3	1	7	2
3	7	5	1	9	2	8	6	4
1	5	3	9	4	6	7	2	8
7	4	9	3	2	8	5	1	6
6	2	8	7	1	5	3	4	9
4	3	7	8	6	9	2	5	1
5	9	1	2	7	4	6	8	3
8	6	2	5	3	1	4	9	7

148

7	2	8	5	3	6	1	9	4
1	9	3	2	4	7	5	6	8
5	4	6	1	9	8	7	2	3
2	5	7	8	6	4	9	3	1
4	3	9	7	2	1	8	5	6
8	6	1	9	5	3	2	4	7
6	7	2	4	8	5	3	1	9
9	8	4	3	1	2	6	7	5
3	1	5	6	7	9	4	8	2

149

2	3	5	4	6	8	1	9	7
9	7	6	2	5	1	4	3	8
8	4	1	7	3	9	6	5	2
7	5	9	3	1	2	8	4	6
1	2	3	6	8	4	5	7	9
4	6	8	5	9	7	2	1	3
5	1	7	8	2	3	9	6	4
6	8	4	9	7	5	3	2	1
3	9	2	1	4	6	7	8	5

150

4	5	9	2	6	8	3	1	7
3	8	7	1	4	9	5	6	2
2	1	6	7	3	5	8	9	4
7	9	5	6	2	1	4	3	8
6	4	2	5	8	3	1	7	9
8	3	1	4	9	7	6	2	5
9	2	8	3	1	4	7	5	6
1	7	4	9	5	6	2	8	3
5	6	3	8	7	2	9	4	1

The Su Doku in this book are provided by:

SUDOKUSOLVER.COM

Generate and solve your Su Doku for free.

SUDOKU   GODOKU   SAMURAI SUDOKU   SUPER SUDOKU   KILLER SUDOKU

Sign up for your own account with the following features:

- ▸ create your own exclusive Su Doku, Samurai Su Doku and Killer Su Doku puzzles
- ▸ solve and generate; then print or email any Su Doku puzzle
- ▸ solve popular puzzles instantly without entering any numbers
- ▸ view simple explanations of common and advanced Su Doku solving techniques
- ▸ free entry to win prizes with our Su Doku competitions

Enjoy playing Su Doku more at sudokusolver.com!